见识城邦

更新知识地图　拓展认知边界

企鹅科普
（第一辑）

进化论

［英］史蒂夫·琼斯 著　［英］罗文·克利福德 绘　武建勋 译

中信出版集团 | 北京

图书在版编目（CIP）数据

进化论 / (英) 史蒂夫·琼斯著；(英) 罗文·克利福德绘；武建勋译. -- 北京：中信出版社, 2021.3
（企鹅科普. 第一辑）
书名原文: Ladybird Expert: Evolution
ISBN 978-7-5217-2429-5

Ⅰ. ①进… Ⅱ. ①史… ②罗… ③武… Ⅲ. ①进化论—青少年读物 Ⅳ. ①Q111-49

中国版本图书馆CIP数据核字(2020)第217349号

进化论

著　　者：[英] 史蒂夫·琼斯
绘　　者：[英] 罗文·克利福德
译　　者：武建勋
出版发行：中信出版集团股份有限公司
（北京市朝阳区惠新东街甲4号富盛大厦2座　邮编　100029）
承 印 者：北京尚唐印刷包装有限公司

开　　本：880mm×1230mm　1/32　　印　　张：1.75　　字　　数：13千字
版　　次：2021年3月第1版　　印　　次：2021年3月第1次印刷
京权图字：01-2020-0071
书　　号：ISBN 978-7-5217-2429-5
定　　价：188.00元（全12册）

由于存在着生存斗争，所以不管是多么微小的变异，只要对物种的个体有利，这个变异就能在斗争的过程中保留下来，而且大部分可以遗传。由于物种产生的众多个体只有一部分能够生存下来，所以那些遗传到有利变异的后代的生存机会比较大。我把这种每一个微小有利变异都能得以保存的原理称为自然选择。

——查尔斯·达尔文《物种起源》

草图的草图

没有人能在对一门语言的构成一无所知的前提下掌握它。进化论就是生物学的语法。它把对植物、动物和人类的研究统一为一门科学。如果没有进化论，这个学科将只是一系列互不相关的事实的简单堆砌。1859 年查尔斯·达尔文的《物种起源》出版之前就是如此。

达尔文的思想引领了科学革命和一场人类对自身看法的革命。当时，尽管神创论者仍然相信生命是大约 6000 年前出现的，尽管有些生物学家已经开始推测活的有机体可能会随着世代交替发生变化，但他们不知道如何变化或者说为什么变化，更没有事实可以支撑他们的想法。相比之下，达尔文的理论简明得近乎野蛮。他提出了"后代渐变"理论：物种的一切变化都是数代错误累积的结果。变化的原材料——多样性——在自然选择的熔炉中提炼而成，换句话说，在生存斗争面前，多样性就是决定繁殖成效的遗传差异性。

虽然达尔文积累了非常多的证据，但如果没有自然学家阿尔弗雷德·拉塞尔·华莱士给他写的信，他可能永远也不会发表自己的论文。达尔文在给华莱士的回信中初步表述了自己理论的"草图"。他称《物种起源》将会像法律案件那样引起一段"漫长的争论"，答案既显而易见又令人难以置信，就好像从如何养牛到宣称"人类及其起源终将阐明"。事实证明，达尔文说对了。

如果《物种起源》是一幅 17 万字的"草图"，那么我们这本仅一万多字的小书就是"草图"的"草图"了。即便如此，我还是希望它能揭示出进化论的基本原理。

喜马拉雅山上的河马

今天在喜马拉雅山脉的珠穆朗玛峰上是见不到河马的。然而，我们或许可以见到它们的灵魂，因为它们祖先的化石就散落在山峰上。很多曾经生活在喜马拉雅山脉的生物的后代像河马一样在非洲湿地中安居，但更多生物改变了其原有的生活方式，转而在深海中活动。

《圣经·创世记》说“神就造出大鱼”，但达尔文却敢于批评这种说法。现在科学已经驳斥了神创论，而大鱼（鲸）则恰可作为佐证。

进化就是一系列成功的错误，是产出世上所有不可能之事的工坊。数百万人否认自然选择导致了眼睛或鲸的出现，但他们都错了。

鲸化石会出现在喜马拉雅山脉不是因为它们曾游到过那里，而是因为地壳的移动。很久以前，这些山脉还沉在海底，但随着大陆的碰撞，山脉被推向了天空。化石显示了这一过程：5500 万年前，河马状的生物变得像北极熊一样在海洋里用四条腿游泳，接着它们渐渐失去前腿，变得像海豹一样，最终，在大约 2500 万年前，有鳍和气孔的现代鲸诞生了。其间不需要任何神迹。

现代的鲸仍然和河马有一些共同特征——它们都用短促的声音交流、没有毛发、雄性有双睾丸。更重要的是，鲸的 DNA 更类似于现代的河马，而非大象或海豹。

达尔文在贝格尔号上看到过很多鲸，但对它们的过去一无所知。现在的科学已经对鲸的过往有所了解，而且比对任何其他哺乳动物了解得更详细。

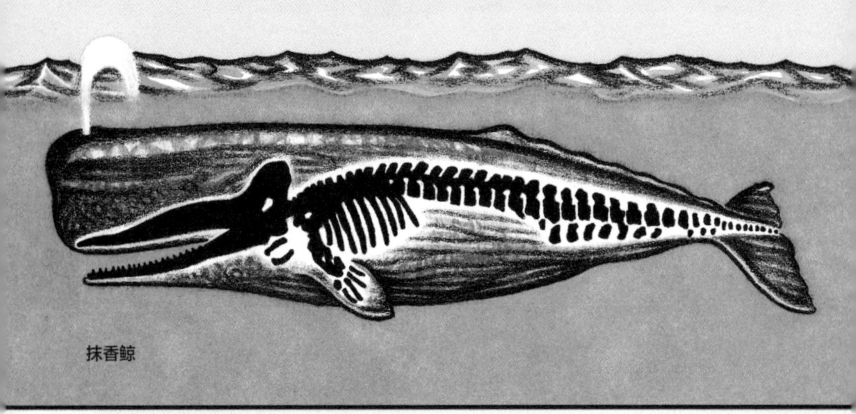
抹香鲸

矛齿鲸

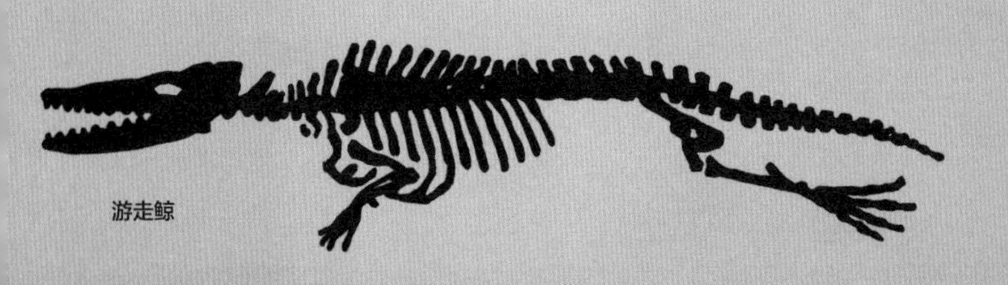
游走鲸

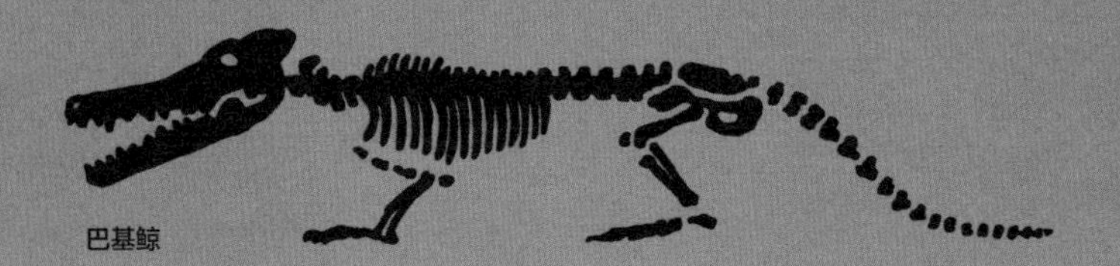
巴基鲸

有意义的进化

《物种起源》指出，语言就像生活一样，随着世代的变迁，人们说话的方式也会发生变化。我们自己也是如此。跟我们的爷爷奶奶那一辈相比，我们中的大多数人的口音、用词发生了巨大的变化。语言也表现了自然选择的力量，因为它会过滤掉失效的语言信息，并保留有意义的信息。

拿一个简单的英文文字游戏为例：怎么让猪（pig）变成猪圈（sty）？我们需要以尽可能少的步骤，通过每次改变单词中的某个字母来完成挑战。考虑到英文字母表中字母的数量，通过简单的随机改变（突变）来完成这项工作平均需要 17 576 次尝试（26 × 26 × 26）。如果再强加一个简单的规则，即每次改变字母必须让单词变成有意义的英语单词，步骤数就从 17 576 变成 6，即 pig（猪）——wig（假发）——wag（摇尾巴）——way（道路）——say（说话）——sty（猪圈）。

靠随机改变字母让一个三个字母的英文单词变成另一个需要尝试 17 576 次，同理，想靠基因突变让现代家猪的祖先演变为家猪大概要尝试宇宙中星星的总数那么多次。就算是野猪进化成家猪也要经过无数次恰到好处的突变，更不用说从猪、河马和鲸的共同始祖开始算起。自然选择让野猪历经数千代之后生活在农场，从古代哺乳动物的源头算起这个过程甚至历经了数百万代。这个过程绝对不是一个完全随机的过程，就像上述游戏中追加的规则一样，变化必须伴随着“意义”，不管对猪还是驯化它们的人类来说，生命的历史都取决于其意义。

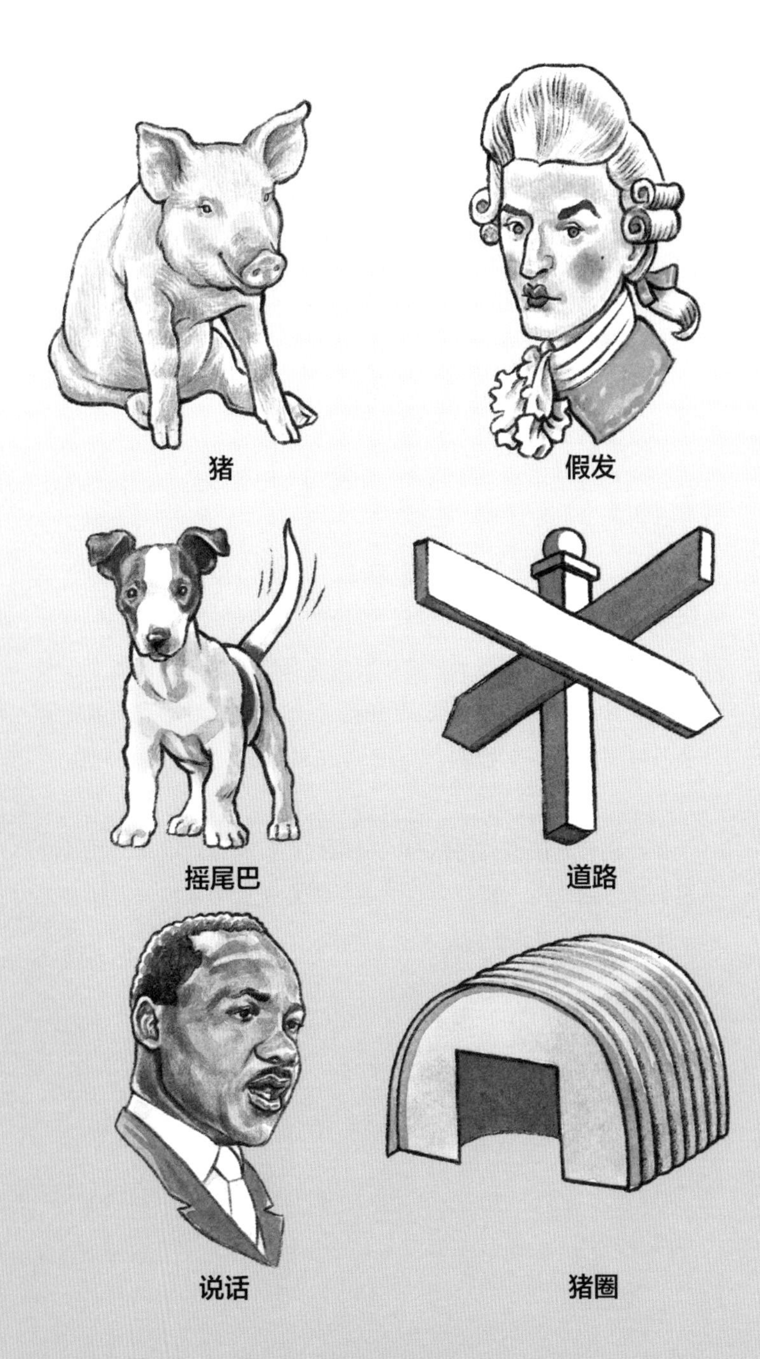
猪
假发
摇尾巴
道路
说话
猪圈

把青菜吃掉

家畜是一个极好的例子，可以说明随着农民选择能产出更多牛奶、更多羊毛或更多蛋的动物繁育后代，其肉质也会发生变化；不过植物界为选择的力量提供了更好的证据。

相比动物，植物进化得很快。生长在海崖上的一种野生卷心菜发生了戏剧性的变化。罗马帝国时期，园丁们已经培育出了一种叶子很厚的品种——羽衣甘蓝。大约到了中世纪，一种未成熟时头部紧实的卷心菜被培育出来，而德国人则更偏爱茎部粗壮的个体，最终形成现在所说的大头菜。文艺复兴时期出现了花椰菜（又称菜花），但是它被当作花卉来观赏。在意大利，它的近亲西蓝花也诞生了。在 18 世纪的比利时，农民们开始选择芽较紧实的品种，布鲁塞尔芽菜（又称抱子甘蓝）和其他家庭成员一起被端上了餐桌。甚至在最近几年还出现了白的、红的和黑的卷心菜，其中有普通品种和发芽品种之分，也有不开花和开花（10 年前才出现的）之分。

卷心菜和其他蔬菜是依照人类偏好经过几百代或几十代从同一祖先演变而来的，难道大自然就不能在这么多年里，在这么多的个体中创造出更多的新植物和动物吗？

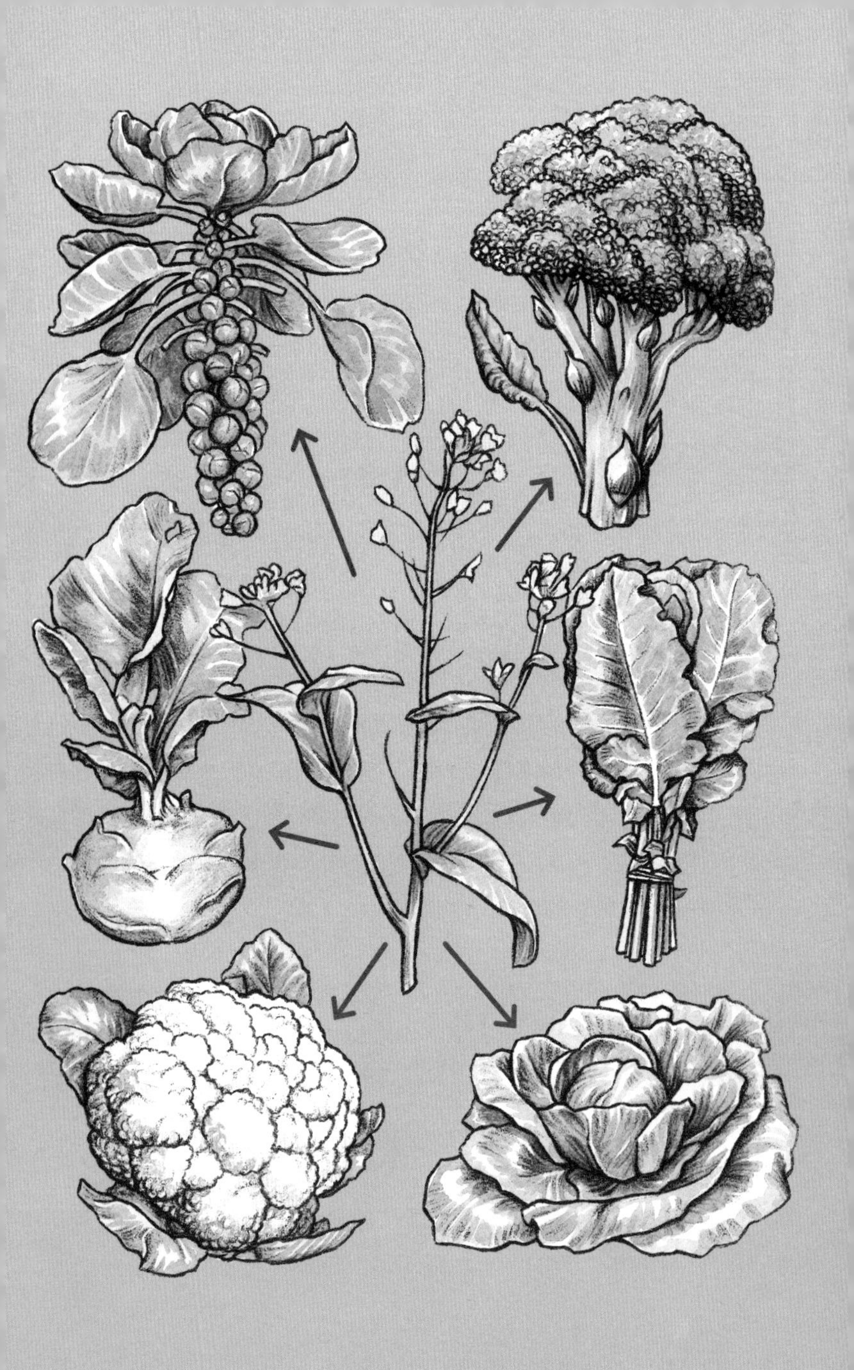

吠月之犬

无论是作为宠物还是作为自然选择有效性的证据，达尔文都喜欢狗。正如他所指出的，狗和许多家畜一样是因大脑和身体都发生变化而出现的新品种。

1959 年，苏联生物学家德米特里·别尔耶夫（Dmitri Belyaev）开始人工培育银狐。银狐的皮毛多用于制作冬帽。起初，这些野生动物被人类吓坏了，几乎没法饲养。于是别尔耶夫开始挑选那些占总数 5% 的、最愿意让人接近笼子而不发狂的、最温顺的银狐进行繁殖。这些银狐的后代渐渐变得平静，开始吠叫，摇尾巴，像小狗一样，喜欢被人抚摸。它们的后代看起来也与祖先不一样，不再是通体黑色，间有几根银丝，而是白色的部分变得更多——像许多牛、马、猫和狗一样——脸上或胸前有一个大白斑（就好像一大块棉花糖）。现在当宠物卖的银狐价值数千美元。

制造黑色素的机制与稳定情绪的激素血清素有关，所以颜色的改变和行为的改变都是对进化压力做出反应的表现。许多野生动物的体内都有一只温驯的动物正挣扎着要爬出来。只需简单的技巧，有经验的饲养者就能让它自由。

口味

1988 年当选美国总统后不久，老布什说："我现在是美国总统了，谁也不能再逼我吃西蓝花了！"数以百万计的人也跟他一样讨厌西蓝花。但为什么会这样呢？

老布什的声明暗示了每个人身上隐藏着巨大的多样性。讨厌西蓝花的人遗传了 30 亿个字母信息中的一个 DNA 变化，这会让他们拒绝吃苦的食物（他们也不太可能抽烟或喝酒）。决定个体对甜味、咸味或高脂肪饮食偏好的基因有数百个。这个 DNA 只是其中一个，不过是散布在遗传信息中的数百万个个体差异中的一员。遗传信息的差异包括双螺旋结构字母的化学变化、分子部分的缺失或扩展、字母部分顺序的反转等。

繁殖会改变每一代生命体的 DNA。因此，今天活着的每一个男人和女人——或者狐狸、狗、鲸——都不同于他们物种中曾经存在过的，或者将要存在的每一个成员。遗传的差异影响着我们的外表、行为、健康和进化，最重要的是，为了生存而与不断变化的外部世界打生物牌时，每个个体都有一套独特的策略。

一个不幸的意外

1952 年我 8 岁，得了一场小病。再早 10 年这可能会要了我的命——伤口受到感染，我的手肿了起来。医生先用手术刀处理，再打了几针就解决了问题，因为当时青霉素的发展正处于其全盛时期。

但青霉素的全盛时期并没有持续多久。1944 年，亚历山大·弗莱明（Alexander Fleming）发明了这种药物，但仅仅 10 年后，许多细菌就不怕青霉素了。到了现代，青霉素几乎已经没用了。新的遗传变化和突变是罪魁祸首。每个基因每代产生变异的概率只有百万分之一，但细菌却有数十亿之多，这就意味着突变是不可避免的。在突变的帮助下，细菌得以将药物拒之门外，躲避药物的效用，有的突变还可以将药物分解。

青霉素已经有了很多的后继者，但是耐药性总是会出现，有时只需几个月新药就会被淘汰。这都是我们滥用抗生素导致的——或是在农场里不计后果地使用，或是由于医生对由病毒引起的流感等病症不加分辨地滥用。现在，医学的“武器库”里几乎已经没有什么后手了，而且似乎也没有什么新武器即将问世。

我的右手上到现在还有个伤疤，提醒我变异存在的危险。它的孪生兄弟——自然选择——的力量意味着我们的下一代可能不会像我这么幸运了。

重起炉灶

不管对那些遗传了它们的人有利还是不利，所有的突变都代表了新的机遇。鱼类就是个例子。最后一次冰期在一万年前结束。当时大多数刺鱼生活在海洋中，但是在北半球，随着冰川的融化，一些刺鱼大胆地溯流而上进入新的河流湖泊。突变和自然选择在这个过程中发挥了重要作用。

海中的生活很艰难，因为会有许多捕食者。结果，海洋生物进化出了厚甲和骇人的尖棘。可一旦到了淡水里，生存就容易多了，因为它们的大多数敌人无法跟上。棘和甲会造成不必要的麻烦，很快就被丢弃，所以今天的淡水刺鱼（右图下）远不如它们的祖先（右图上）那么可怕。自然选择只选择了阻止两种基因突变遗传下去：一种是厚皮基因，另一种作用于背部下方，导致背棘增生。

新的河流出现时，鱼类一次又一次独立穿过北方世界。在阿拉斯加的一个湖中，10 年前入侵的海洋生物已经开始脱去盔甲。随着全球变暖导致冰川后退，进化仍在艰难地进行着。刺鱼的数量远远少于细菌，但对它们来说——对其他所有生物都一样——变异是迟早会给它们带来改变的工具。

翅膀、鳍和回声

不同物种间就像同一物种中的不同种群一样，经常会表现出相同的进化路线，但可能会以不同的方式实现。

鸟类和蝙蝠都有翅膀，但蝙蝠的前肢和五个细长的趾之间有一层薄膜，而鸟类的前肢较短，多了羽毛。鲸和鲨鱼都有尾鳍，但属于哺乳动物的鲸的尾鳍是水平的，属于鱼类的鲨鱼的尾鳍是垂直的。所有鲸都可以弯曲它们的身体，在海中驰骋，而鲨鱼只能摆动它们的臀和尾。在每一种情况下，自然选择都选择了能够应对环境挑战的突变。

其他方面则不那么明显。鲸、蝙蝠和一些鸟类都利用附近的物体反射的波来捕食和导航。蝙蝠发出尖锐的叫声，这种尖叫声最远可传播 10 米。而某些鲸发出的咔嗒声要比蝙蝠的声音强度强 1 000 倍，水下传播距离更是蝙蝠的 30 倍。相似的是，南美洲穴居的油鸱也会发出尖锐的咔嗒声以在几米远的范围内确认鸟巢的位置。每种生物的耳朵也都不同，以提高各自捕捉微弱回声的能力。眼睛也以同样的方式独立进化了几十次。在澳大利亚，有一些看起来像老鼠、狗、鼹鼠和飞鼠的动物，实际上却完全与上述动物无关，这说明在进化过程中，常常会出现趋同进化。

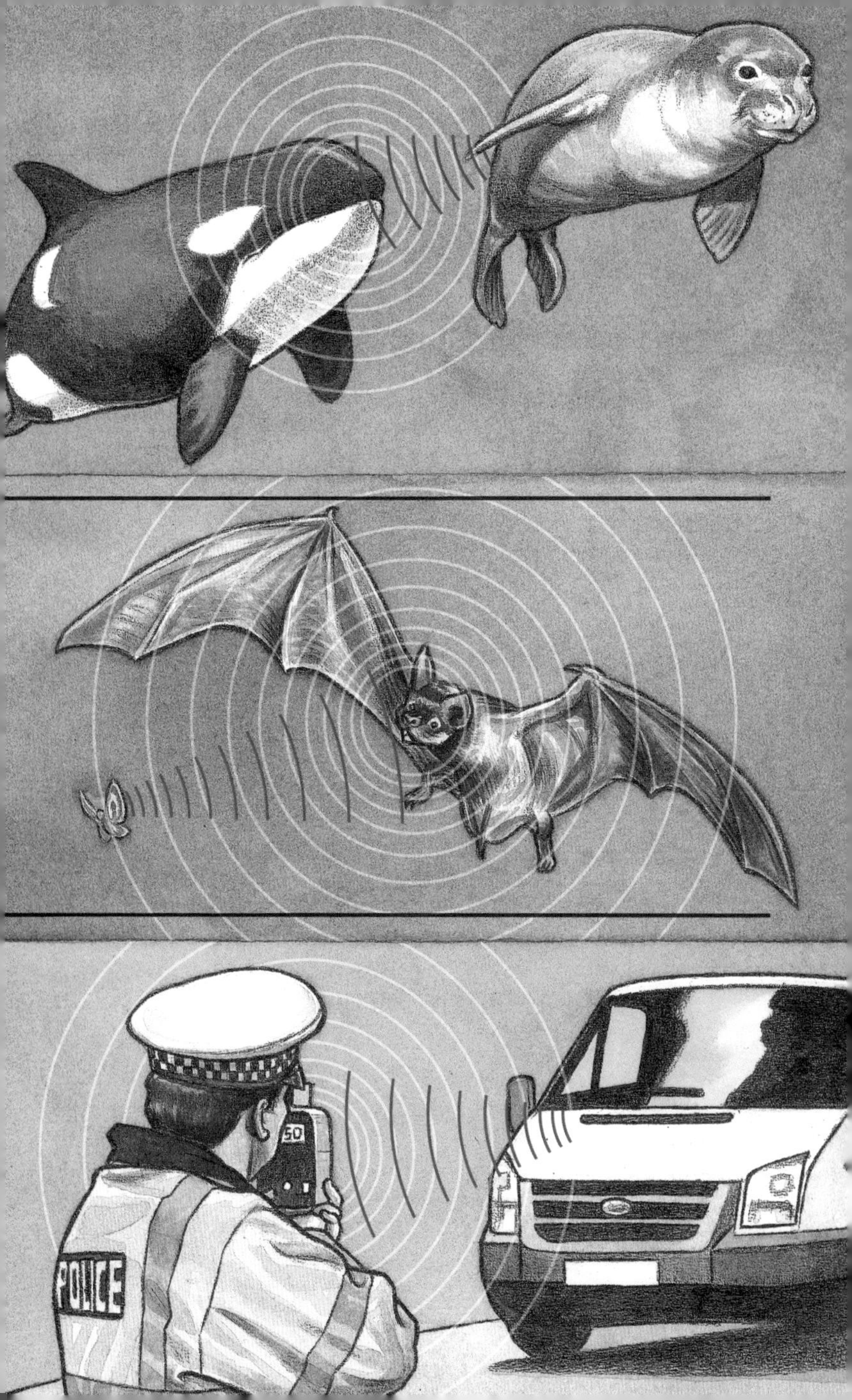
50
POLICE

聆听过去

自然选择机制可能很强大，但它却不会提前计划好一切。通常来说，复杂的器官是由多个结构碎片拼凑在一起形成的。如果生命是由哪位工程师设计的，那他的能力显然很差，这份工作肯定干不长。

耳朵就是机会主义的经典之作。它分外、中、内三个部分，可以将声波转化为神经冲动。耳朵各部分缘起各不相同。最外面的部分可以将声波集中在耳膜上，耳膜随之振动。其内表面是三个互锁连杆中的第一个，可以将信号传递给第二层膜，而第二层膜则密封了一个充满液体的骨螺旋结构。该结构实际上是由一系列对不同频率波敏感的柔性传感器排列而成的。它们会对液体的运动做出反应，并将其转化为电信号传递给大脑。

耳朵的结构看似精巧复杂，但实际上是拼凑的产物。外耳是皮肤的一部分，而中耳是从鱼的鳃和爬行动物的颚部进化而来的。这在化石和胚胎发育上都有体现。其中鳃状结构会变为中耳的连杆结构。内耳则可以追溯到鱼的侧线——一组压敏感觉器官，通过捕捉水的波动来导航和捕猎。耳朵，还有很多其他结构的进化都是修修补补而成，并非像工业设计一样在最初就考虑到各种情况，它们满足了生命所需，但也并非尽善尽美。

检测机制

任何机器——无论是在工厂里的，还是在生物体内的，无论是设计好的，还是进化而来的，都需要严格的检测机制。大部分时间，自然选择都扮演着质量监督员的角色，时刻警惕着，扔掉有问题的产品。然而有时一个结构会失去功能，而检查员亦会失去兴趣，没有及时将它扔掉。

于是就出现了各种错误。鲸没有腿，却还保留着相关骨骼。洞穴鱼没有眼睛，甚至连感光色素基因也随之消失。

人类演变的历史也是如此。鸟类和爬行动物有四种感光色素基因，其中一种可以接收短波紫外线辐射，这是人类无法感知的。因此同一物种的雄性和雌性，可能对我们来说看起来都一样，但在鸟类自己看来却大不相同，因为在它们眼中，只有雄性身上有明亮的标记（右图上）。跟许多哺乳动物一样，我们有三种感光色素基因：红色、蓝色和绿色（右图中）。数百万色盲患者则只有其中两种，他们无法区分绿色和红色（右图下），这可能是一种返祖，因为在恐龙时代，哺乳动物的先祖主要是在晚上出来活动的，不需要那么多的感光色素基因也能很好地生存、繁衍。

视力的退化相比味觉和嗅觉的退化简直是小巫见大巫。味觉和嗅觉大约涉及 800 个基因。在老鼠和狗身上，其中大部分都能发挥作用，但在人类身上，其中有数百种基因突变已经失效。我们不知道它们为什么还待在那里。进化和其他科学一样，充满了未解之谜。

繁殖的乐趣

大自然多数动听的声音、风景和气味都来自欲求不满的呼号。而鲜花、鸟鸣、山魈的下体和面孔（右图上）以及马鹿的鹿角（右图下）都是雄性欲望的表达和雌性对欲望的反应。

自然选择是一场有两篇论文要写的考试。第一篇很简单，因为它只涉及生存。第二篇难上许多，因为它是关于繁殖的。雄性和雌性必须应对不同的问题；前者的失败率更高。达尔文曾经说过，“看到孔雀尾巴上的羽毛让我恶心”。起初，他不明白为什么雄孔雀拥有无助于飞行的硕大尾羽，而雌性却不具备同样的生理构造。但很快达尔文意识到这来自性别差异。对于繁殖这件事来说，由于怀孕和抚育后代成本甚高，雌性受限于生育后代的数量；而雄性只需要尽可能多地吸引异性，没有其他负担。当然，一个雄性生物在这方面的成功也意味着它的许多同性同类注定要失望。

因此，雄性要努力战胜它们的性竞争对手，而雌性则试图选择最好的伴侣。雄性通过打架或霸占只有最优秀的个体才能拥有的东西来炫耀自己的高素质。身体的颜色可以用来彰显实力。红色、黄色和橙色往往是基于复杂的化学物质生成的，所以饥饿、患病等生存压力较大的个体很难表现出这类色彩，这些个体也因而在求偶游戏中表现不佳。唉，大自然里实际上没有多少浪漫可言。

霸凌者、骗子和说谎者

然而，自然界还是有很多“欺男霸女”的行为。雄性蜗牛会向它的伴侣射出“爱之箭”。这并不是一种表达爱意的方式，而是一种武器——表面涂有激素，以迫使雌性接受它的精子。

其他动物的雄性则更喜欢欺骗。狡猾（且瘦弱）的雄性马鹿假装对强势竞争者的挑衅漠不关心，但随着拉锯战的进行，骗子会突然爬到雌性身上与其交配。雄性流苏鹬——一种大型涉禽——甚至会变成异装癖者。它们有三种不同的基因形式，其中一组会表现出黑色的羽毛颈圈（右图左），一组有白色的颈圈（右图右），第三组看起来就像雌性（右图下），且会骗过较大的雄性，可以不受干扰地与雌性交配。

自然界的尔虞我诈无处不在。开花植物用会飞的性器官——昆虫传粉者，来帮助它繁殖。植物和昆虫一直处于无休止的竞争中。昆虫想要增肥、懒惰和大量繁殖，但植物更希望昆虫能够一直饥饿、活跃和忠诚。为了得到 1 磅（约 454 克）的蜂蜜，蜜蜂必须拜访 100 万朵花。有时蜜蜂也会被植物欺骗，蜂兰花看起来像雌蜂，可以成功诱骗雄蜂造访，却没法交配。

不诚实还会更进一步。如无害的苍蝇身上会长出黄色的条纹，伪装成黄蜂，而寄生虫则带着与宿主相似的细胞信号潜入宿主体内。在生存斗争中，欺诈几乎是不可避免的。如果你想要诚实，还是去学物理吧。

偶然进化

随机事件在进化中起了很大的作用（一如在物理学中所起的作用一样）。1929 年，一艘高速法国驱逐舰从非洲的达喀尔港往巴西运送邮件。舰上有一些不受欢迎的乘客：携带着疟原虫的蚊子。由于之前的船只完成这趟旅途的时间较长，所以这些蚊子在途中就会死掉，可惜这艘新船以创纪录的时间到达了目的地，一些蚊子因此得以幸存。不久之后，一场大规模的疟疾开始肆虐巴西。

那时巴西寄生虫的种类相比非洲少得多，因为自然条件下只有一小部分寄生虫可以跨越海洋。疟原虫的这次跨海旅程改变了它们种族的历史，比其原生地几千年的自然环境对它们的改变还要大得多。

还有很多疾病比疟疾更容易向外传播。麻风、天花和鼠疫的病原体都来自动物寄生虫。这些寄生虫最初的宿主是多种多样的，但在数以百万计的人类受害者身上却几乎没有什么变化。这充分证明它们始于同一次入侵。例如，鼠疫的传播媒介在全球范围内几乎都是相同的；伦敦古代流行病的遗骨与今天的鼠疫杆菌有着几乎一样的基因特征。也许在很久以前，一只被感染的跳蚤咬了一个倒霉的人类，从而产生了一种迄今已经杀死数百万人的疾病。

偏远岛屿上的居民有着非常相似的历史。夏威夷有自己独特的植物、蜗牛、昆虫和鸟类，但大多数几乎没有 DNA 变异，这表明它们都是很久以前到达夏威夷的少数一些祖先的后代。一次谁都预料不到的偶然事件可以对进化产生戏剧性的影响。

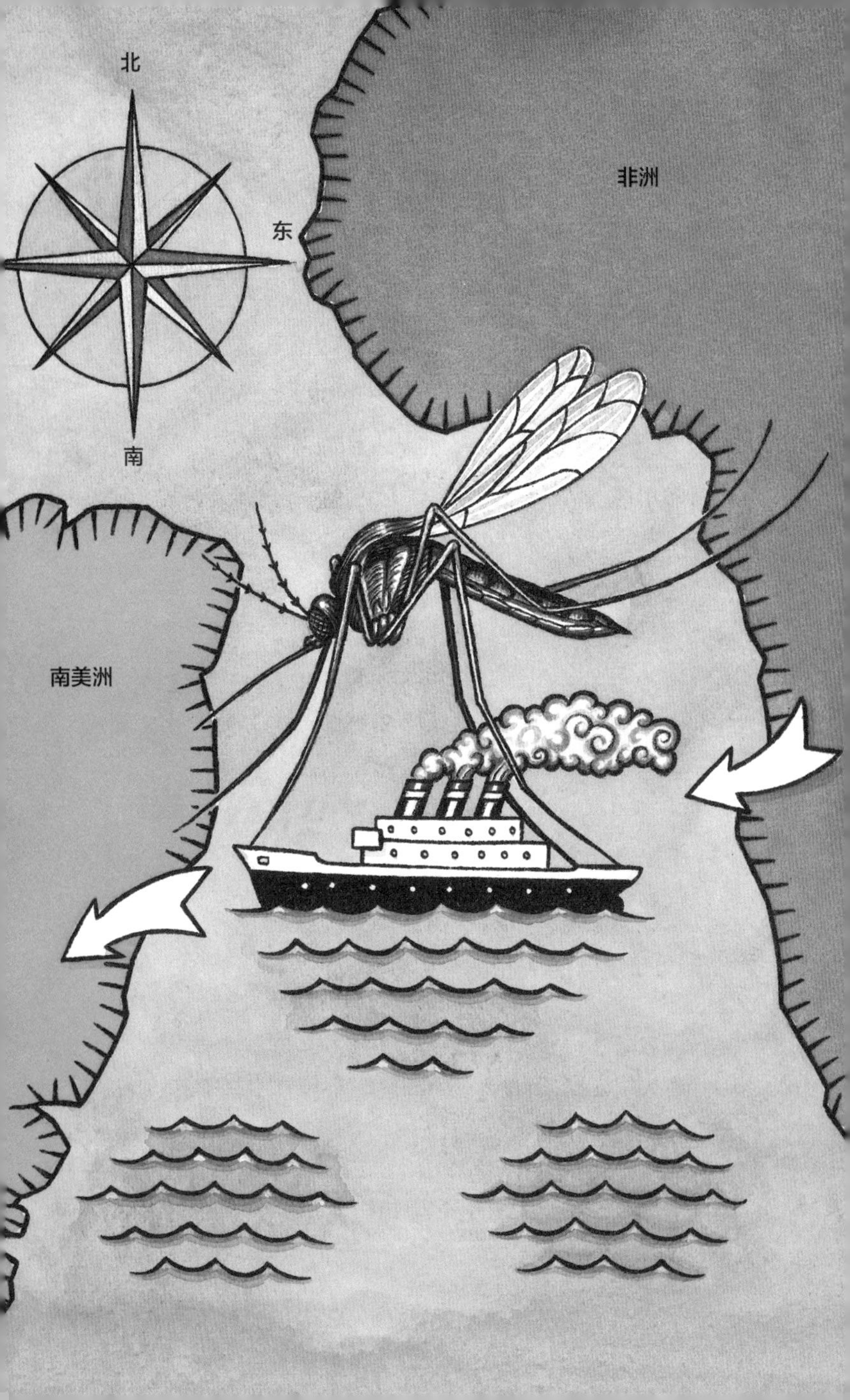
北
东
南
非洲
南美洲

基因共和国

《物种起源》的主要内容不是物种的“起源”，而是物种的“变化”。到底什么是物种呢？这个问题看似很好回答。猫和狗不一样，不能交配，所以它们是不同的物种。然而，狗和狼看起来也不一样，但它们可以繁殖产生下一代，它们是同一物种还是不同物种？

进化的本质就是变化，任何将其所有结果进行严格分类的尝试都是行不通的。语言也是如此，英语和汉语当然是截然不同的，但英语、德语、丹麦语和荷兰语之间虽然也是不同的，其界限却不是完全清晰的。整个北欧从东到西会有一个可见的渐变，首先表现为地方口音不同，然后才变成不同语言。荷兰西部的弗里西亚语听起来非常像英语，就像当地人会说“Brea, bûter en griene tsiis is goed Ingelsk en goed Frysk”（面包、黄油和绿奶酪是地道的英国食品，也是地道的弗里西亚食品）。

物种和语言一样也会随着生存空间的扩展逐渐产生变化。以乌鸦为例，早期的欧洲常见两种乌鸦，一种是西方的黑色食腐乌鸦，另一种是东方的半灰色羽冠乌鸦。在某些区域，它们会同处并杂交，但杂交后代不育。同样的情况还出现在哺乳动物代表老鼠和植物代表橡树上，随着冰川的消退，它们开始从其希腊和西班牙的领地向外扩散，在漫长的分离过程中，它们都走上了各自不同的进化之路。在今天的世界里，只要我们用心观察，到处都能看到类似的物种起源的实例。

柏林墙的倒塌——分离后的再交会

老鼠是人类的研究原型，科学家已经像了解人类基因一样了解它们的基因。通过鼠类杂交试验，我们已经探明控制鼠类对颜色的识别、行为等许多方面的基因相互作用的原理。

数千年前，欧洲的两种老鼠“分道扬镳”，形成了两个亚种。后来由于各自生存空间的扩张，两个亚种再次交会，其结果表明原本存在于它们共同祖先身体里的基因间的相互作用已经发生了变化。因此，该地区的杂交雄性的生育能力较弱，精子数量较少，精子活动速度也较慢。这说明，两个亚种的精子工厂虽然做着同样的工作，但方式不同，就好像一条生产老爷车和现代奔驰汽车的机器混搭的生产线，产品质量必然大幅下降。

在其他方面，事态更为严重。所有物种的细胞分裂都是由基因控制的。有的基因加速细胞分裂，有的基因则减慢细胞分裂。这个系统出错时，可能会导致癌症。实验室里，两种鱼的杂交——一种有无害的黑点，另一种没有黑点——会导致灾难性后果。因为在其后代中，这些黑点会变成致命的皮肤癌，杂交鱼的平均寿命也非常短，种群不可能延续。每个物种的细胞分裂都是由加速器和制动器之间的动态平衡控制的。把奔驰引擎装进一辆装备老爷车刹车系统的车里，其结果必定是车毁人亡。

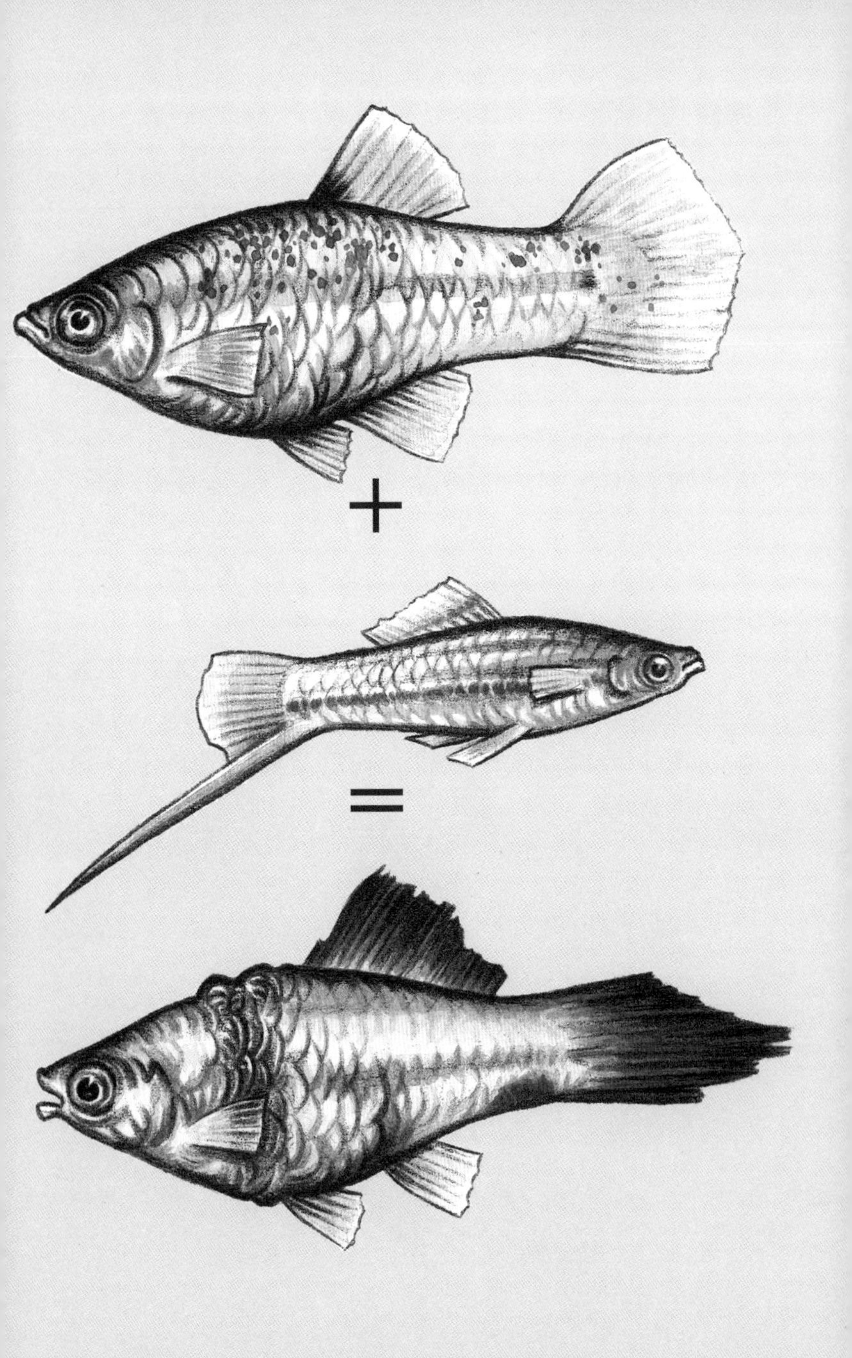

漂移

第一套“企鹅科普”丛书出版于1914年，大西洋现在比那时宽2米。当我们星球的液态内核不断翻腾时，地表由2亿年前泛大陆分裂而来的大陆板块也在不断移动。

大陆漂移假说解决了许多地理学的难题。在南美洲和非洲，我们都发现了同一种淡水鳄鱼的化石，而在澳大利亚、南极洲、印度、非洲和南美洲都发现了同一种已灭绝的蕨类的化石。一种不喜欢咸水的现代蚯蚓家族遍布南美洲、非洲、马达加斯加、印度、澳大利亚和新几内亚。事实上，基因告诉我们，虽然大象、土豚和儒艮种类繁多，但它们都是在非洲还是一个岛屿的时候，由同一个祖先进化而来的。

植物和动物的迁移不仅仅是自身行为，它们的家园也在载着它们前进。现在，由于人类在汽车、轮船和飞机上的技术进步，世界实际上已经重新统一为一个单一的生物大陆，而它的许多居民——包括大象、土豚和儒艮——也为此付出了代价。

泛大陆

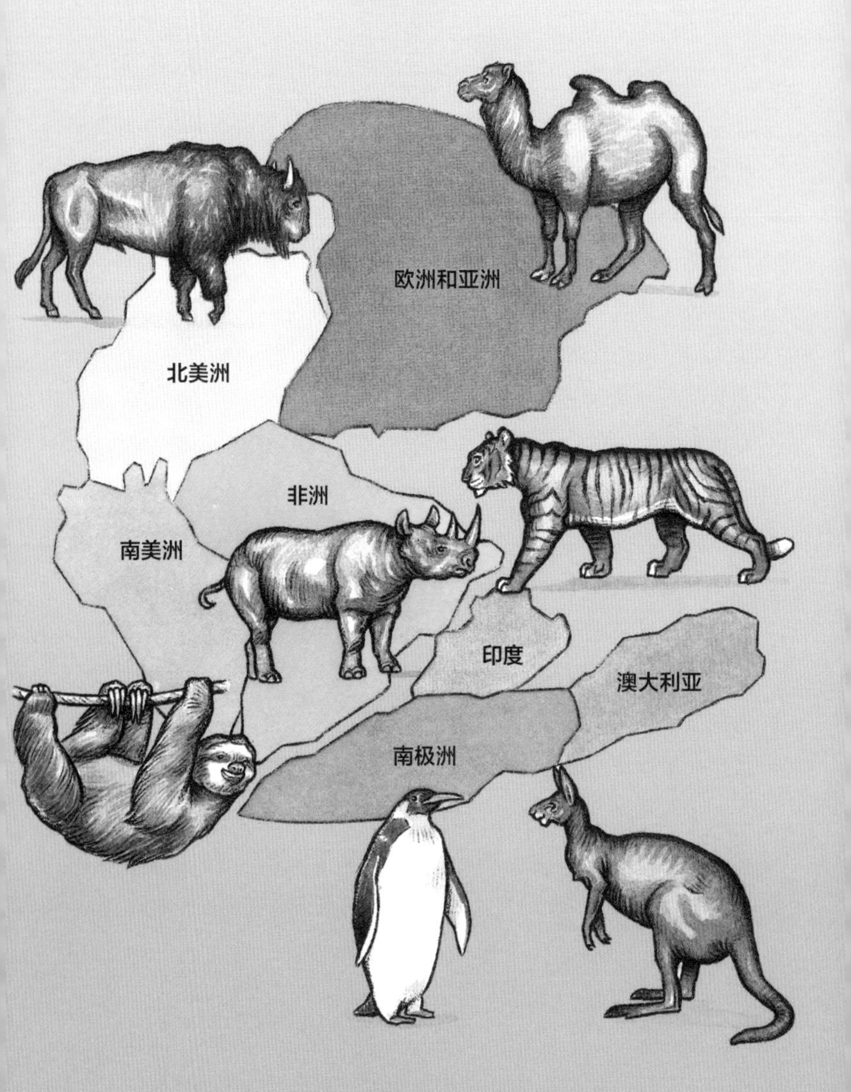

尘归尘

索姆河战役发生在一个多世纪以前的第一次世界大战期间。现在这个地方竖着一座纪念碑，上面刻着 7.2 万名英军士兵和其他协约国士兵的名字，人们找不到他们的遗体，只能以此作为集体衣冠冢。协约国军队公墓中有 15 万个十字架；他们的对手，德军士兵的墓碑比这还要更多。

一个世纪过去，许多墓穴已经空空如也，里面的尸骨已化为尘土。自人类出现以来，所有 600 亿人的生死都是如此。第一次世界大战的纪念碑正在崩塌，第一批为求长生不老而建的金字塔则早已消失在风里。

几乎没有尸骨——即使是那些受人尊敬的人的尸骨——能得长存。因此，化石记录中存在一段巨大的空白，只有少数幸存下来的化石生动地讲述了一个早已消失的世界。相比所有曾经生活过的物种，现存的物种还不到其百分之一，而且大多数物种都没有留下任何存在过的痕迹。通常整个种群就像战壕里的士兵一样成建制地消失不见。恐龙灭绝于 6500 万年前，原因可能是一颗小行星撞击地球导致尘土遮云蔽日，整个地球连续多年昏暗无光。远古的四次大灾难导致了海洋动物的整体死亡，但 1914 年爆发的第一次世界大战或许是更大规模灭绝的开端，而这次灭绝显然是由人类的愚蠢造成的。

恐龙

和许多跟我年龄差不多的生物学家一样，我一开始的兴趣也是观察鸟类。但如今生物专业的学生们则更多是由于童年时代对恐龙的迷恋而被这门学科吸引。实际上，两代人有着共同的兴趣，因为鸟类只是飞走的恐龙。

鸟类有羽毛，人类有毛发，恐龙有鳞片，它们都是一类，都可以起装饰作用。毛发可能变成尖刺，相对的，中国出土的化石显示，某些恐龙的鳞片变成了羽毛。

最早有羽毛的恐龙只有绒毛，这可能是出于保暖的需要。在某些种类中，这一结构变得更大更复杂，表现为中央有粗壮的轴支撑，两侧还生有细枝。通常羽毛会生长在尾巴或头部，所以可能是出于繁殖求偶的需要。有些恐龙连离开地面的机会都没有，因为它们重达一吨。不过随着时间的推移，一些体型较小的恐龙开始用长有羽毛的前肢辅助捕猎或减缓从岩石上跳下的速度。正如在进化过程中经常发生的那样，鸟类并不是飞速进化的，而是慢慢地打开一种新生活方式的大门。它们找到了利用空气的方法，并且不必面对其他有同样想法的生物的竞争，于是进化开始加速，在短短几百万年的时间里，几乎所有现代各科鸟类都诞生了。

始祖鸟
顾氏小盗龙
波氏爪龙

源头与支流

不管带不带羽毛，恐龙化石都十分罕见，但隐藏在 DNA 中的信息意味着每一种植物和动物都是活化石。达尔文解剖了许多生物，试图找出它们之间的亲缘关系。分子进化只不过是比解剖学上的进化更进了一步。它的化学手术刀重建了生命的谱系。

生命谱系的结构会让人有点意想不到。人类、阿米巴原虫、果蝇、香蕉和大象这些细胞中都有一个包含基因的细胞核，且都位于生命谱系真核生物分支上。占生命谱系主要部分属于细菌和另一组被称为古细胞的单细胞生物。这两类生物没有细胞核，遗传物质都游离在细胞内。它们的化学机制各不相同，与人类更是大相径庭。古细胞可能是最古老的生命形式，它们是植物和动物的源头。

生命谱系还有其他令人惊讶的东西。在这个谱系上，动物（包括人类自身）在很大程度上与蘑菇并无二致。人类只是大自然众多生物中的一支，并非地球上无可取代的万物之灵，当智人试图在新的分类学丛林中找到自己的位置时，我们需要保持一定程度的谦卑——尽管到目前为止，人类还没有表现出谦卑的迹象。

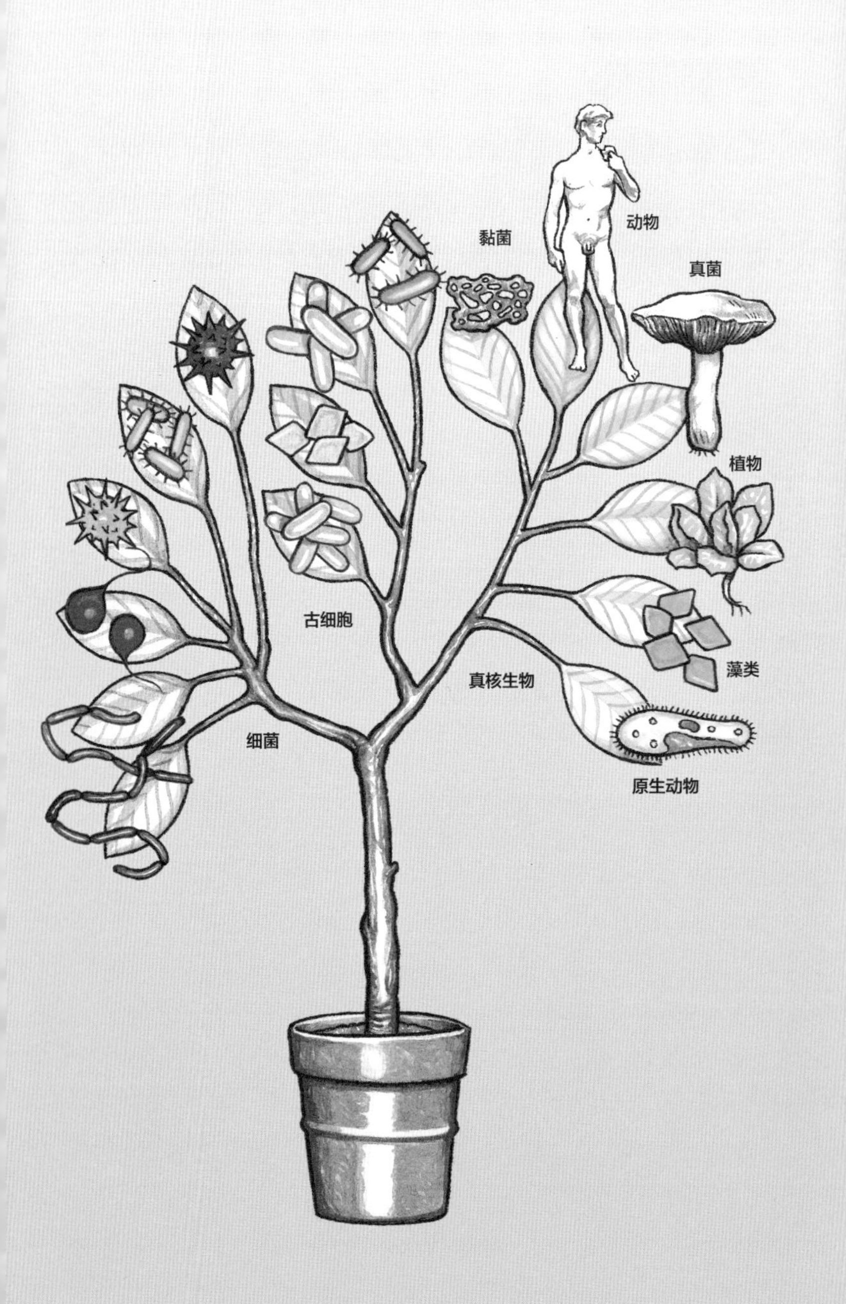
动物
黏菌
真菌
植物
古细胞
藻类
真核生物
细菌
原生动物

杂居的历史

在 35 亿年前生命起源时开始嘀嗒作响的进化时钟上，陆地动物大约在 21 点 30 分出现，哺乳动物在 23 点 30 分出现，早期人类在午夜前 2 分钟出现，而我们智人在末日钟声响起前大约 40 秒出现。

我们祖先的分子化石表明我们生活在一个不寻常的时代。今天只有一种人类，但在过去的大部分时间里同时存在好几种人类。在北欧和西伯利亚，尼安德特人一直与我们共居到大约 4 万年前。尼安德特人体形庞大，更适应寒冷气候。丹尼索瓦人——另一种人类——仅能从西伯利亚洞穴的几块碎片中被了解，但化石 DNA 显示，他们与尼安德特人和我们都不同。

有些材料讲述了一个关于我们祖先性生活习惯的意想不到的故事——鉴定显示，不同种类的人类先祖间会交配繁殖。因此，现代欧洲人的遗传物质中（比如红发基因）约有一半源自尼安德特人。今天的美拉尼西亚人和澳大利亚原住民中，也发现了同样比例的丹尼索瓦人基因。至少在非洲以外，我们那些逝去亲人的灵魂犹在。

厨房里的达尔文

在跨越世界的旅程中，我们这一物种面对不断变化的挑战适应得十分迅速。佝偻病是一种维生素 D 缺乏导致的疾病，一度在英国很常见。这种维生素存在于鱼的脂肪中，当时的英国穷人显然买不起这样的美味。暴露于阳光下时，维生素 D 也可以在人体内合成，但在烟雾弥漫的英国，太阳又从不露脸。第一批来自非洲的人类移民也面临着这个问题，因为深色皮肤吸收紫外线效果不是很好。作为回应，进化倾向于使皮肤变白的突变——且在多云的北部和西部产生了金发和红发基因。南部非洲的科伊桑人（Khoi-San）也比赤道附近的人肤色浅，说明这一规则在南半球和北半球同样适用。

进化在皮肤下做的文章更多。几乎所有的苏格兰人——但只有一半的希腊人——在成年后能够消化牛奶中的乳糖。多数成年人喝牛奶会感到不适，因为消化所需的酶在成年后不再分泌，几乎所有哺乳动物都是如此。而在苏格兰（不是希腊），人类很久以前就开始放牧，所以那里的人遗传了一种新的突变，可以分泌消化牛奶的酶，在消化牛奶时优势明显。同样，吃大量淀粉类食物（如大米）的人有更强的淀粉酶来分解淀粉（由于未知的原因，欧洲人比多数中国人更善于分解酒精）。像刺鱼一样，人类进化得飞快并适应了新家。

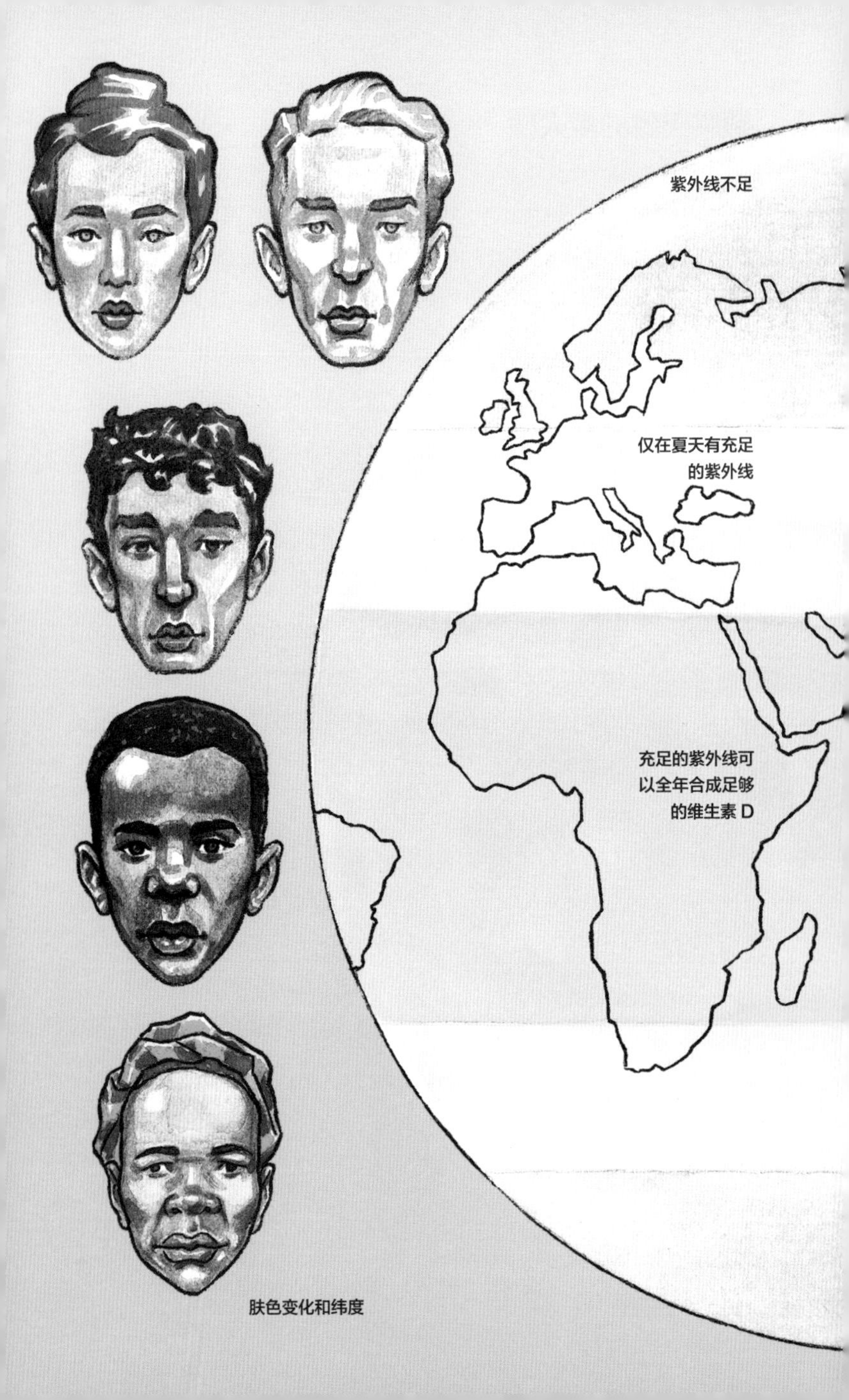

肤色变化和纬度

濒临灭绝的类人猿

现在全世界一共还剩下 20 万只野生黑猩猩，而它们的近亲——智人的数量约是它们的 36 000 倍。人类遍布全球，但黑猩猩可能将会灭绝。

曾经的情况正好相反，小种群遗传变异的能力比较弱。特里斯坦-达库尼亚岛在 19 世纪有 7 男 8 女定居。这一小规模的“开局”意味着该群体的遗传多样性比英国同样大小的村庄要少。其他岛屿的情况也一样，人口数量减少的速度与开始的规模成反比。

从化石可以看出，我们大约在 5 万年前走出非洲，又在大约 5000 年后进入欧洲，距今 2 万年前进入美洲大陆。距离母大陆越远，我们的多样性也在相应减少。南安第斯山脉的多样性与埃塞俄比亚相比，不超过后者的 60%。多样性的减少可以用来估算走到每一步的人数。专家认为，所有从非洲走出的人共同拥有大约 50 名祖先，移居欧洲的人大约有 150 名祖先，而美洲原住民大约有 100 名共同祖先。

然而，非洲人自身的变化比黑猩猩要小得多——这暗示着，即使在它的诞生地，智人也曾是罕见的。尽管我们现在的数量可能很多，但在历史长河的大部分时间里，我们（而非黑猩猩）才是濒临灭绝的物种。

非洲遗传变异百分比

100%

90%

80%

70%

60%

迁移路线

未来：更虚弱但更聪明

从 700 万年前我们与黑猩猩的共同祖先开始，进化这条道路就布满了被丢弃的天赋。我们像黑猩猩一样多毛，但我们的头发大多是绒毛状的。我们有犬齿，但并不突出。男人的睾丸很小，而且和黑猩猩不同的是，其阴茎上没有在交配时可以用来固定住雌性的倒刺。更糟糕的是，我们的下巴肌肉很少，消化酶也很弱。人类不能只靠生的食物生存，如果没有外部的胃——用火加热的蒸煮锅或微波炉——我们就会挨饿。从生理上讲，智人是一种弱化版本的黑猩猩。

说到大脑灰质时，情况正好相反。我们的大脑是黑猩猩的三四倍大。正是大脑的过“人”之处才让我们遍布全球。我们用衣服、灯光和空调把控着身体周围的环境条件。最重要的是，我们发明了传输信息的新方法，语言在这方面比遗传物质高效得多，这意味着人类进化的舞台已经从身体转移到精神，在生命进化的历史上绝无仅有。

世界已经改变了。自 1945 年以来，欧洲人的平均寿命每天增加 6 小时。几乎每个人都能活到有孩子的年纪，而且大多数人的寿命都差不多。因此依赖于生存和生育差异的自然选择几乎停滞了——至少目前在富裕国家是这样的。大型喷气式飞机意味着人口瓶颈已成过去时。在这个新的泛大陆上，屏障开始被打破。如果愚蠢没有摧毁这一进程，未来我们将会看到基因混合与基因融合带来的普遍性胜利。幸运（或者是不幸）的是，我们没有人会看到这一天。

theguardian

拓展阅读

进化论是一个复杂的学科，因为它涵盖了生物学的大部分范畴，有各种各样的理论。

Steve Jones, *Almost Like a Whale: The Origin of Species Updated* (Black Swan, 2000)，这本书试图利用现代生物学的最新研究修正物种起源理论，书中涵盖了前文中讨论的大部分主题。

Steve Jones, *Y: The Descent of Men* (Abacus, 2002)，内容与达尔文的第二本著作《性选择与人类的起源》大致相同。

Jerry Coyne, *Why Evolution is True* (Oxford Landmark Science, 2010)，这本书的目的是向对进化论持怀疑态度的美国民众科普进化论知识，详细描述了现代进化论中从化石到 DNA 的各项研究成果。

Richard Fortey, *The Earth: An Intimate History* (Harper Perennial, 2005)，涉及地质学和化石记录，延续了达尔文的一个主要论点。

Richard Dawkins and Yan Wong, *The Ancestor's Tale: A Pilgrimage to the Dawn of Life* (Weidenfeld & Nicolson, 2005). 理查德·道金斯和黄可仁:《祖先的故事：生命起源的朝圣之旅》(中信出版集团，2019 年)，以进化论的角度对整个生命世界进行了详尽的描述。

当然还有查尔斯·达尔文的《论依据自然选择即在生存斗争中保存优良族的物种起源》。首次出版于 1859 年，现在有几十种版本可供选择。在有些地方稍微有些瑕疵，但却是现代生物学的基石。可以看到达尔文真的能够写出和体会一个年轻人对科学的热情所带来的兴奋感。还有他 1839 年出版的《小猎犬号航行》，在我看来，这是有史以来最伟大的旅行类书籍。

关于进化论有很多网络资源，其中我认为最好的是：

http://evolution.berkeley.edu/evolibrary/home.php

学术界的一些最新发展，还有一系列介绍性讲座。

http://www.becominghuman.org/

生物史概论，讲得很好。

http://www.wellcometreeoflife.org/

生命是如何结合在一起的，感谢共同的起源，包含很多互动内容。

http://www.eskeletons.org/

灵长类动物的比较解剖学，作为生命谱系的证据。